前 言

　　家是人们生活的港湾，心灵的栖息地。人们忙碌了一天回到家中，可以享受到温馨浪漫的感觉，这是一次心灵的释放。但是如何让居室温馨浪漫，如何按照自身的喜好来布置自己的家居风格呢，这一直是业主和设计师比较关心的问题。

　　装修本身就是一个十分繁琐而辛苦的事。请装饰公司来布置完成自己爱家的装饰？这种方式虽然省时省力，但是绝大多数的业主并不是很了解装修设计中的各种情况，对装修中的种种问题也没有一个理性的认识，因此，与设计单位的沟通存在很多问题，结果往往跟业主自己的预期有很大的差距，完全不能满足自身的特定需求，白花了冤枉钱。

　　筑龙网针对这一情况，汇集设计师的精品力作，并整理成《家装时代》系列图集呈现给读者，读者一书在手就可以按图索骥，从中选取最为称心的方案，并按自己需求，量体裁衣，形成一套适合自己喜好的家居设计。

　　本套图书按风格共分为3册。本册主要是现代风格篇。现代风格是当前家装业比较流行的一种风格，追求时尚与潮流，非常注重居室空间的布局与使用功能的完美结合。本书精选了大量优秀的整体案例，案例中包含平面布置图，可以一目了然的了解室内的布局情况，图片中的标注可以指导读者了解施工，并从装修设计的原理角度对居室的功能布局、造型、色彩、选材方面进行了解释，所选用的图片具有一定的特色，展示了当前较为前沿的设计水平，为读者提供了明确直观的优秀户型设计装修资料，值得设计师和准备装修的业主参考。

　　祝您装修愉快！

本书编委会

参编人员名单

主　　编：段如意

参编人员：韩　全　哈尔滨金凤凰空间设计公司

　　　　　张　兵　青岛好迪装饰工程有限公司

　　　　　李　丽　黑龙江省牡丹江市龙兴装饰装潢有限公司

　　　　　陈宝胜　陆　枫　刘志祥　廖志强

　　　　　朱　江　夏胜强　吴正刚　侯小强

　　　　　丁起浩　黄椿雁　王　娟　吕少峰

　　　　　刘新圆　徐君慧　张兴诺　吴晓伶

ZHULONGJIAZHUANG

筑龙家装图库

家装时代

现代风格篇

筑龙网◎编著

中国人民大学出版社
·北京·

北京科海电子出版社
www.khp.com.cn

图书在版编目（CIP）数据

现代风格篇／筑龙网编著.
北京：中国人民大学出版社，2008
家装时代
ISBN 978-7-300-09514-1

Ⅰ.现…
Ⅱ.筑…
Ⅲ.住宅—室内装修—建筑设计
Ⅳ.TU767

中国版本图书馆 CIP 数据核字（2008）第 109130 号

家装时代

现代风格篇

筑龙网　编著

出版发行	中国人民大学出版社　北京科海电子出版社			
社　　址	北京中关村大街 31 号		**邮政编码**	100080
	北京市海淀区上地七街国际创业园 2 号楼 14 层		**邮政编码**	100085
电　　话	(010)82896442　62630320			
网　　址	http://www.crup.com.cn			
	http://www.khp.com.cn（科海图书服务网站）			
经　　销	新华书店			
印　　刷	北京市雅彩印刷有限责任公司			
规　　格	210 mm × 285 mm　16 开本		**版　　次**	2009 年 1 月第 1 版
印　　张	4.5		**印　　次**	2009 年 1 月第 1 次印刷
字　　数	100 500		**定　　价**	25.00 元

Contents 目 录

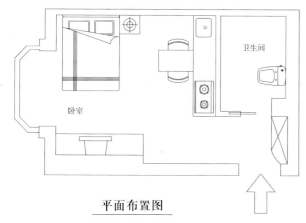

平面布置图

建筑面积：45.6m²　　设计师：李丽

　　这是一套小公寓住房，进门是厕所，然后是个小敞间。厨房做成开放式，中间做个吧台，既可以放菜也可以用餐，合理地利用了空间。背景没有做太多的装饰，只是用颜色区分出空间。

原墙面米色乳胶漆

石膏板造型，乳胶漆饰面

石膏板线

顶面乳胶漆

大理石台面

建筑面积：55.2m² 设计师：韩全

这是一个阁楼形式的小户型设计，由于屋顶坡度比较大，最高的地方3.5米，最矮的地方0.8米。实际上可利用的面积很小。本案设计师以简洁时尚的风格，在充分满足业主的生活需求的前提下，做了一些时尚的设计，使小户型即实用又美观。客厅利用斜面的墙体，自然形成电视墙。卧室空间做成吊床形式的，巧妙地把床隐藏到造型中，既有实用效果，又能给使用者增添情趣。

餐厅面积不是很大，利用墙面做成软包形式的卡座餐位，既增加用餐情调，又节省空间。

整套设计采用超前卫的设计手法。颜色为大面积米色，增加温馨的气氛。

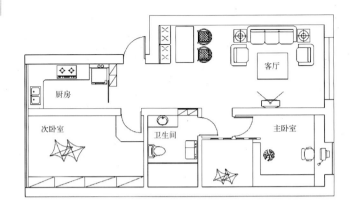

平面布置图

竖纹壁纸

米色乳胶漆

枫木实木复合地板

细木工板外贴壁纸

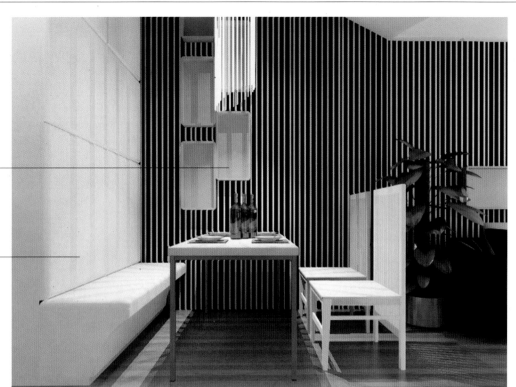

细木工板刷清漆

原墙面软包

磨砂玻璃

TIPS

贴墙纸时，先要把开关、插座的面板卸下来，再在墙上刷清油。

细木工板包暖气外贴壁纸

软管灯　　细木工板

细木工板

墙面软包
壁布

榻榻米地台

素色壁纸

铝扣板吊顶

釉面砖

建筑面积：58.6m² 设计师：夏胜强

这套小户型的面积约58平米，从户门进去，除了厨房和厕所之外就是一个大的敞间，设计师进行了分割，划分成了小两居室，充分地利用了空间。电视背景只做了一个简单的装饰，既节省空间，又是一个亮点。开放式厨房，不会使空间显的拥挤。卧室和阳台直接打通，增大了卧室的空间。两个卧室中间的隔断用柜子来分割，既起到了分割空间的作用，又有了很好的储物空间。

原墙面乳胶漆饰面

石膏角线

石膏板造型拉条，乳胶漆饰面

镁合金推拉门

衣柜背面，乳胶漆饰面

平面布置图

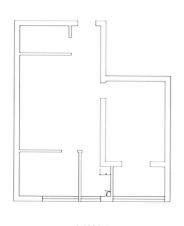

原始图

建筑面积：58.9m²　设计师：韩全

　　本设计的主题是"春的乐章"。

　　这是一个小两居的装修，整体采用框架结构，由于是两个人居住，在设计上尊重房主的使用习惯，次卧兼做书房，其次，客厅是个暗室，没有窗户，所以在次卧和客厅之间的墙上，大面积的隔断采用透明玻璃，以满足阳光和光亮的需求。厨房面积比较小，所以在厨房门口做了约45厘米宽的橱柜和吊柜，橱柜做成梯形以节省空间，再加个小吧台的位置。

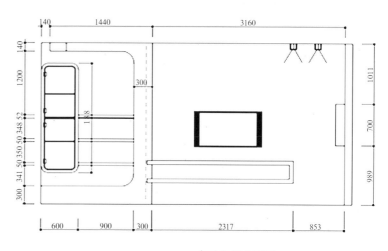

多功能柜立面图

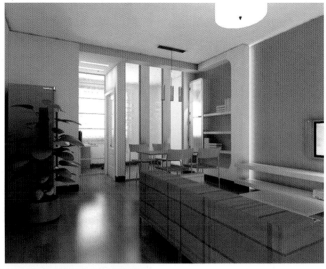

细木工板，
白色混油

清玻挡板

细木工板，
白色混油

原墙面乳胶
漆饰面

石膏角线

原墙面乳胶漆饰面

细木工板，白色混油

原墙面乳胶漆饰面

细木工板包门套，混油

枫桦实木地板

原墙面乳胶漆饰面

细木工板，枫木饰面板做柜门

建筑面积：116.27m² 　设计师：李丽

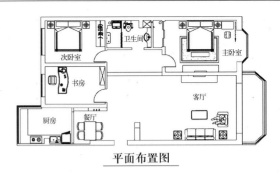

平面布置图

　　本案的设计风格是时尚简约，设计师利用优美的线条、靓丽的色彩，让人在紧张、压抑的都市生活中，享受简约所带来的舒适快乐。以人为本的设计理念，舒适的环境，在设计师平实、自然的设计手法下，表达了高雅的家居品位。

原顶面乳胶漆饰面

原墙面乳胶漆饰面

石膏板造型，乳胶漆饰面

5厘沟缝

建筑面积：65.8m² 设计师：夏胜强

　　这套小户型的装饰设计，主要采用浅色的背景，使整个空间宽敞明亮，摒弃小户型带给人的压抑感。米黄色的墙面，浅色的地板，阳光暖暖地洒在地面上，给人一种明快温馨的感觉。

石膏板吊顶，乳胶漆饰面

原墙面乳胶漆饰面

石膏角线

石膏板造型背景，乳胶漆饰面暗藏灯带

原墙面乳胶漆饰面

铝扣板吊顶

三聚氰胺防火板

水晶台面

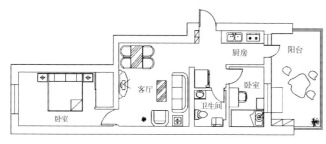

平面布置图

建筑面积：69.8m²　设计师：韩全

　　这是套小两居的装饰设计，原建筑缺陷：厨房开间较窄，只有1.76米宽，还要兼顾通往露台的通道，客厅没有合适的位置作电视墙，没有餐厅，和业主进行沟通后，确定不做太大的结构改造，移动卧室的门做电视背景墙，同时再在客厅中划分一个空间，做餐厅，平时两人用餐在厨房的吧台即可。

细木工板，暗藏灯带，混油

卧室门，混油

细木工板，造型背景墙，混油

原墙面乳胶漆饰面

石膏板造型，乳胶漆饰面

原墙面乳胶漆

红樱桃木，玄关造型

石膏板吊顶，乳胶漆饰面

原墙面乳胶漆

三聚氰胺防火板

大理石台面

素色墙砖

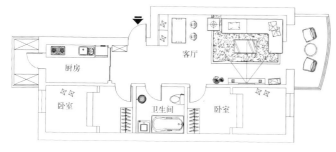

平面布置图

建筑面积：73.5m²　设计师：韩全

"把春意带回家，放飞梦想，回归自然"是本设计的主题。设计师在入户门的对面做了一个树的造型，一进门就让人感受到春天就在这里，体现出一片生机勃勃的景象。在色彩上，设计师主要用了暖黄色来衬托春来时的气息。整个设计在色彩上活泼靓丽，整体统一协调，给人一种充满朝气的感觉。

原墙面乳胶漆饰面

手绘装饰墙面

手绘装饰墙面

手绘装饰墙面

原墙面乳胶漆饰面

枫桦实木地板

石膏板吊顶，
乳胶漆饰面

原墙面乳胶
漆饰面

原墙面乳胶
漆饰面

细木工板，
包门套，白
色混油

枫桦实木地板

石膏板造型，乳胶漆饰面

原墙面乳胶漆饰面

细木工板，樱桃木饰面，清漆

细木工板，樱桃木饰面，清漆

细木工板，樱桃木饰面，清漆

细木工板，包门套，白色混油

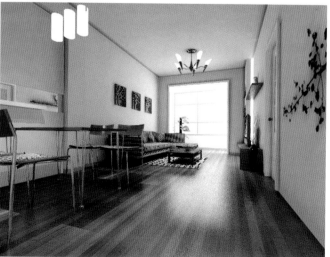

石膏板造型，
乳胶漆饰面

原墙面乳胶漆
饰面

细木工板，
混油

原墙面乳胶漆
饰面

手绘装饰墙面

实木配套踢脚
线

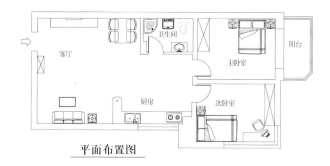

平面布置图

建筑面积：75.36m²　设计师：李丽

这是一个两室一厅的户型设计，户型比较方正，可以充分地利用空间。由于业主不常在家做饭，无须太过在意油烟带来的麻烦，设计师顺应业主要求，将厨房做成开放式，减小了狭小空间造成的压迫感。

木制吊顶，清漆饰面

大理石台面

石膏板吊顶，乳胶漆饰面

原顶面乳胶漆

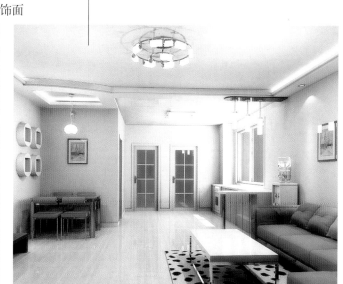

石膏板吊顶，乳胶漆饰面

石膏板造型背景，乳胶漆饰面

建筑面积：76.7m² 设计师：韩全

本案是一个小两居的户型设计，业主是用来做婚房的，所以设计师在色彩上主要是采用鲜亮的色彩，来表现浪漫、温馨的气息，客厅背景的设计上简洁明快，大面积的色彩和沙发背景产生相互的映衬，卧室主要采用粉红的色调，和客厅的颜色既有衔接又有自己的特点。

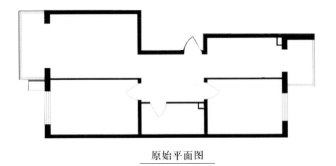

原始平面图

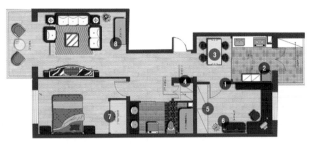

改动后平面布置图

设计师通过实际的测量和业主的需求对原始的户型做了改动。

1．将小卧室和厨房的间墙向里面移动300mm（移动的距离以能放置冰箱为宜）。

2．由于冰箱位置解决了，同时使得厨房和餐厅的面积横向方向增长。

3．四人餐桌的位置解决了。

4．在进户门对面作一个玄关衣柜和鞋柜，既满足了风水学和美观的要求又有较强的储藏功能。

5．由于做玄关，把小卧室的房间门改到对着餐厅开启，门后做入墙式壁柜，满足衣物储藏。

6．小卧室摆一张折叠沙发，可做书房兼客房使用。

7．主人房可以做一个进深为900mm的衣柜，里面安装旋转衣架（旋转衣架的储衣量为普通衣柜的6倍），满足年轻时尚的女主人购物储备的功能。

8．客厅沙发旁边可作为以后发展的空间使用留白，也可以放风水鱼缸、书架、钢琴等。

原墙面乳胶漆饰面 ——

—— 石膏板造型，乳胶漆饰面

—— 木做书架隔断，混油

石膏板吊顶，乳胶漆饰面 ——

原墙面乳胶漆饰面 ——

原墙面乳胶漆饰面 ——

木做书架，混油

原墙面乳胶漆饰面

原墙面乳胶漆饰面

木做造型，白色混油

木做造型，白色混油

马赛克背景墙

墙砖

石膏板吊顶，乳胶漆饰面

原墙面乳胶漆
饰面

墙砖

三聚氰胺板，
烤漆面板

细木工板，枫木饰面板

原墙面乳胶漆饰面

原墙面乳胶漆饰面

细木工板造型，混油

石膏板吊顶，内藏灯带，乳胶漆饰面

建筑面积：81.3m² 设计师：韩全

这是一套80多平米的户型设计，设计师大胆的采用了艳丽大胆的色彩，整个设计大气又不失灵动，规划出来的小书吧使空间布局显得更为紧凑合理。

细木工板，胡桃木饰面，清漆

石膏板吊顶，乳胶漆饰面

原墙面乳胶漆饰面

石膏板造型，乳胶漆饰面

白枫木实木地板

石膏板吊顶，乳胶漆饰面

石膏板造型，乳胶漆饰面

石膏板造型，
乳胶漆饰面

细木工板，混
油

原墙面乳胶漆
饰面

木龙骨打底，
白枫实木地台

石膏板吊顶，乳
胶漆饰面

细木工板，胡桃
木饰面，清漆

8mm 厚玻璃隔板

石膏板吊顶，
乳胶漆饰面

细木工板，混油

原墙面乳胶漆
饰面

艺术玻璃珠造
型屏风

建筑面积：83.9m² 设计师：张兵

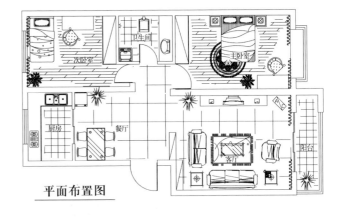

平面布置图

　　本案是一个两室两厅的户型设计，设计师采用鲜亮的颜色、柔和的灯光、简洁的设计语言，营造出浪漫甜美温馨的空间氛围。个性的电视背景让人在平时的休息中得到不一样的感觉，为生活增添了一道靓丽的风景。功能方面充分满足业主的生活需要，进门处做了鞋柜，兼顾了实用功能和美观的效果。

石膏板吊顶，乳胶漆饰面，暗藏灯带

石膏板造型，乳胶漆饰面 8mm 磨砂玻璃

白色混油柱

石膏板吊顶，乳胶漆饰面，暗藏灯带

细木工板，澳松板饰面，黄色混油

细木工板，澳松板饰面，白色混油

8mm 磨砂玻璃

细木工板，澳松板面，
白色混油

原墙面乳胶漆饰面

原墙面，黄
色乳胶漆饰面

石膏板造型，
乳胶漆饰面

建筑面积：86.42m²　设计师：夏胜强

本案的设计主要体现的是时尚、青春和活力，色彩上利用黑与红的对比，在各个空间中采用造型各异的吊顶，使整个设计显示出青春活力的特点。内部软装的选材上选用造型新颖的家具，使整个空间简洁轻盈，充满活力。跳动的颜色，使整个空间看起来新颖浪漫，红与黑的对比抢眼而又新潮。

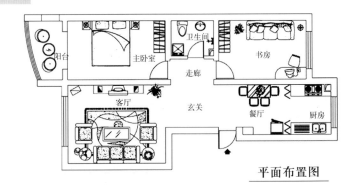

平面布置图

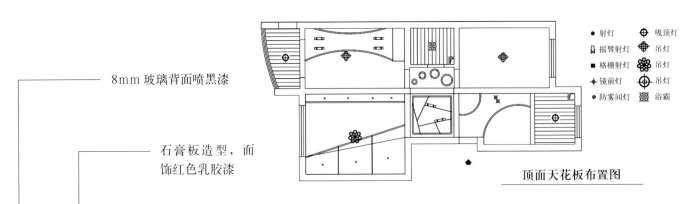

8mm 玻璃背面喷黑漆

石膏板造型，面饰红色乳胶漆

- ● 射灯　⊕ 吸顶灯
- 摇臂射灯　❋ 吊灯
- ■ 格栅射灯　❀ 吊灯
- 镜前灯　⊕ 吊灯
- ● 防雾间灯　❋ 浴霸

顶面天花板布置图

石膏板吊顶，
乳胶漆饰面

8mm 玻璃背
面喷黑漆

原墙面乳胶漆
饰面

石膏板衬底，
乳胶漆饰面

石膏板吊顶，乳胶漆饰面

内藏灯带

走廊处吊顶

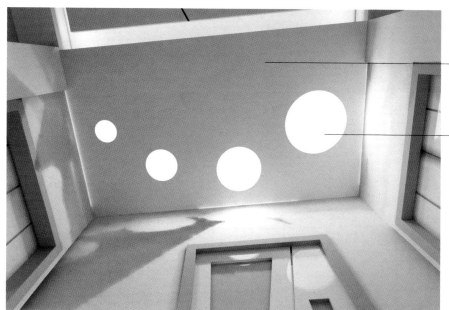

原墙面乳胶漆
饰面

石膏板衬底，
乳胶漆饰面

实木复合地板

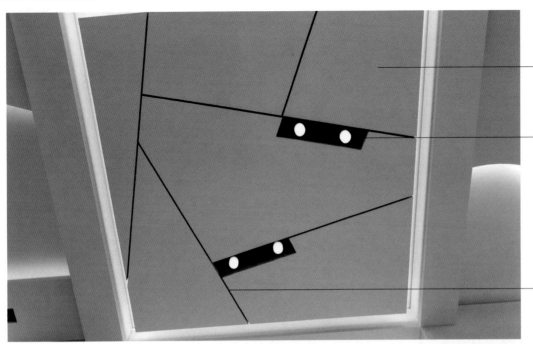

门厅吊顶

石膏板吊顶，乳胶漆饰面

吊顶筒灯

石膏板吊顶，开10mm缝

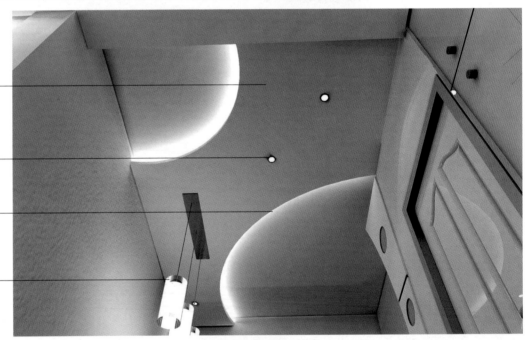

石膏板吊顶，乳胶漆饰面

吊顶筒灯

石膏板吊顶，内藏灯带

餐厅吊灯

餐厅吊顶

石膏板吊灯，乳
胶漆饰面，内藏
灯带

石膏板造型，乳
胶漆饰面

原墙面乳胶漆饰面

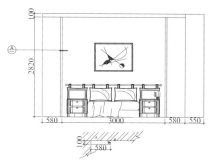

主卧室床头背景墙正立面图及A—A剖面图

石膏板吊顶，
乳胶漆饰面

8mm 清玻璃

实木复合地板

建筑面积：86.59m² 设计师：陆枫

平面布置图

　　这是套两室两厅的户型设计，主人比较偏爱吊顶的层次感及吊顶内发出的柔和灯光效果，颜色上沉稳中也要透出家里的温馨，由于业主也是搞艺术的，对独特的意境比较追求。所以本方案中灯光处理方面尽量采用柔和的散光效果，材料的选择与硬性的配饰中多处采用了富有现代气息的材质，在色彩方面体现家里所必需的温馨。总的思想是在现代造型中求温馨，在温馨色彩中求现代。

石膏板吊顶，乳胶漆饰面

胡桃木造型，清漆

原墙面乳胶漆饰面

樱桃木实木造型，清漆

平面布置图

建筑面积：89.67m²　设计师：韩全

　　本案是一个小三居的户型设计，业主是一对即将结婚的新人，在整个的设计中，力求用简单的语言表述温馨时尚的气息，电视背景墙上使用彩绘的效果，省去了墙纸和装饰线条的费用，简洁大方。局部吊顶的运用和仿砖壁纸的使用，给整个居室增加了一种沉稳自然的感觉。

石膏板吊顶，
乳胶漆饰面

细木工板，
白色混油

原墙面白色乳
胶漆

布艺窗帘

石膏板造
型，乳胶漆
饰面

细木工板，
白色混油。

仿肌纹壁纸饰面

石膏板造型，乳胶漆
饰面

壁纸饰面

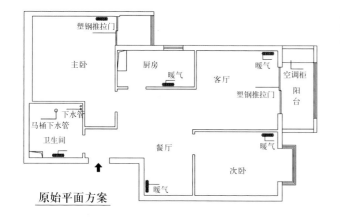

原始平面方案

建筑面积：89.7m²　设计师：夏胜强

　　这是一套两居室的户型，由于进入户门的空间太窄，没有鞋柜的位置，很是不便。针对于此设计师把对着入户门的一扇墙打通一半做成鞋帽柜，同时兼顾卧室，另一半做成卧室的衣柜。因为户型比较小，能利用的空间就要利用上，所以把餐厅设在了厨房边上，不影响交通，又多出了一个开放式书房的空间。

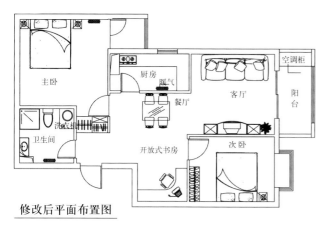

修改后平面布置图

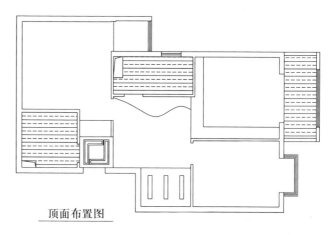

顶面布置图

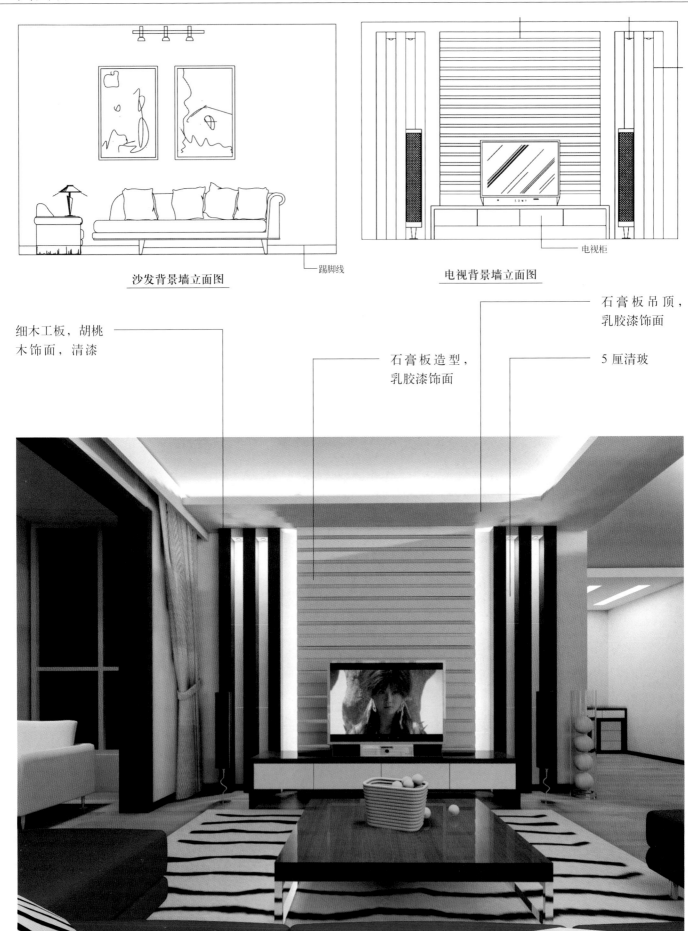

沙发背景墙立面图

踢脚线

电视背景墙立面图

电视柜

石膏板吊顶，
乳胶漆饰面

细木工板，胡桃
木饰面，清漆

石膏板造型，
乳胶漆饰面

5 厘清玻

衣柜背板，乳胶漆饰面

石膏板吊顶，乳胶漆饰面

原墙面乳胶漆饰面

细木工板，胡桃木饰面，清漆

枫桦实木地板

石膏板吊顶乳胶漆饰面

原墙面乳胶漆饰面

枫桦实木地板

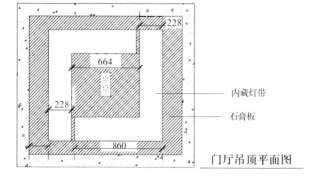

228

664

228

860

内藏灯带

石膏板

门厅吊顶平面图

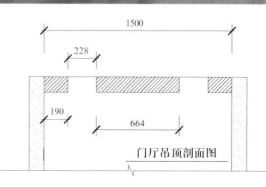

1500

228

190

664

门厅吊顶剖面图

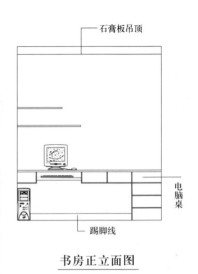

石膏板吊顶

电脑桌

踢脚线

书房正立面图

原墙面紫色乳胶漆

原墙面米黄色乳胶漆

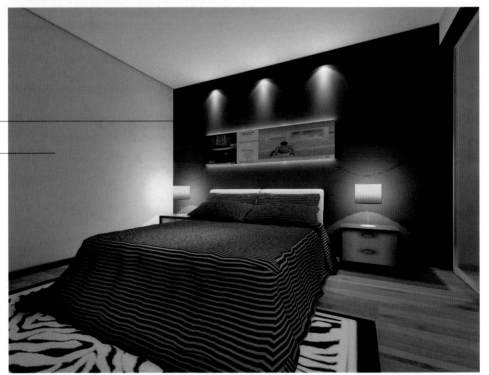

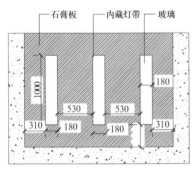

石膏板　　内藏灯带　　玻璃

1000

530　　530　　180

310　　180　　180　　310

书房吊顶平面图

射灯

挂画

紫色墙漆

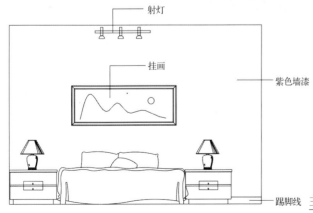

踢脚线　　**主卧 C 立面图**

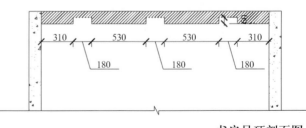

310　　530　　530　　310

180　　180　　180

书房吊顶剖面图

建筑面积：105.7m² 设计师：刘志祥

本案是一个很纯粹的用色彩来表达设计意图的案例，一切从简，色彩本身成了最能烘托气氛的手法。首先，背景墙采用了比较中性的色调，再加上具有现代设计风格的小花纹，与旁边素色的壁纸形成了显著的对比和映衬。本户型的一大缺点是，餐厅区域被走道冲散了，显得很凌乱。因此设计中运用了桃红色与白色的套装门相配，形成了一个整体。白色的线帘一直延伸到客厅，进一步扩展了餐厅的区域，这样整个空间就显得一目了然，酷酷的水泥色和浪漫的桃色在这里充分的交流着。

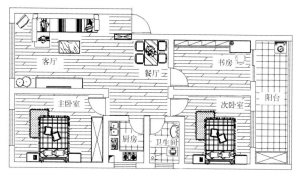

平面布置图

建筑面积：106.8m² 设计师：张兵

这是一个三室两厅的户型设计，简洁明快的设计一直深受业主和设计师的喜爱，不仅在色彩上能带给人们舒适的享受，更是一种心灵的释放。设计师用精心的设计来划分空间的每一个细节，颜色搭配统一协调，采用的是暖色调，给人带来家的温馨感。

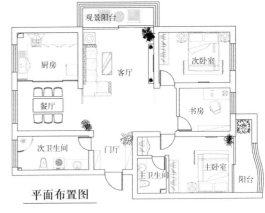

平面布置图

石膏板吊顶，乳胶漆饰面

原墙面米黄色乳胶漆饰面

实木复合地板

石膏板吊顶，乳胶漆饰面，暗藏灯带

原墙面乳胶漆饰面

石膏板吊顶，
乳胶漆饰面

玻璃吊顶

原墙面乳胶漆
饰面

5mm 普通玻
璃饰面

细木工板，白
色混油

原墙面红色乳胶
漆饰面

石膏板造型，壁
纸饰面

5mm 普通磨砂玻璃

原墙面红色乳胶漆

木龙骨骨架，石膏板饰面面贴壁纸

白色混油柱

石膏板吊顶，乳胶漆饰面

挂画

原墙面乳胶漆饰面

建筑面积：112.5m²　设计师：韩全

这是一套小三居的户型设计，在要满足舒适的前提下，怎么充分的利用空间，是业主和设计师比较关心的问题。这套户型的设计师充分地考虑了这一点，在设计上以时尚简约为主题，又保证了布局的合理和空间的充分利用。

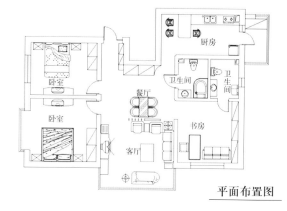

平面布置图

条纹壁纸，横排

细木工板，混油

细木工板，混油

建筑面积：117.09m² 设计师：张兵

　　这是一个三室两厅的户型设计，设计风格简洁大方，没有做过多的装饰，大体看上去很简洁明快，但是仔细品位却又有很多的细节，吊顶的设计，既划分了区域又有连接，设计师利用中性的色调、黑和白的搭配，创造了一个温馨舒适的家。

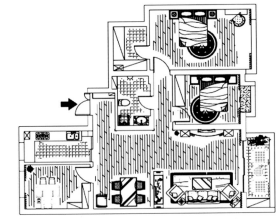

平面布置图

石膏板造型，乳胶漆饰面

石膏板造型，乳胶漆饰面

原墙面乳胶漆饰面

石膏板吊顶，乳胶漆饰面，清漆

原墙面乳胶漆饰面

石膏板吊顶，乳胶漆饰面 ————

原墙面乳胶漆饰面 ————

石膏板造型，乳胶漆饰面 ————

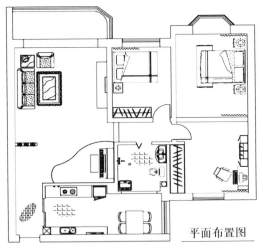

平面布置图

建筑面积：123.5m² 　设计师：李丽

　　本案是一个三室两厅的户型设计。整体设计以鲜明的色彩,富于创意的造型为基础。客厅内利用地台和天花来划分空间,摆放钢琴的区域添加了地台和吊顶,使练琴区与整个客厅之间既有区分又有连接。本设计规划合理,布局明确,用简明的设计语言表现了丰富的内涵,并不因面积的局限性而影响空间格局的实用性。

石膏板吊顶,乳胶漆饰面

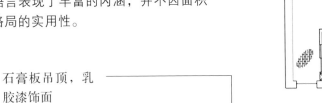

石膏板造型,乳胶漆饰面

原墙面乳胶漆饰面

木龙骨打底,实木地板,做地台

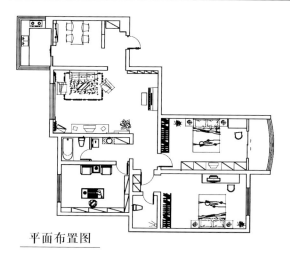

平面布置图

建筑面积：124.8m²   设计师：朱江

这套户型的设计，没有张扬的色彩和前卫的造型，在设计上比较沉稳，有家的舒适感和温馨感。在满足生活需要的同时，做了一些细致的刻画。吊顶上没有进行大面积的吊顶，在需要的地方进行了点缀，即节省简约又不失趣味。

石膏板吊顶，乳胶漆饰面

石膏板造型，乳胶漆饰面

细木工板，红樱桃木饰面板

原墙面乳胶漆饰面

石膏板吊顶，乳胶漆饰面

装饰字画

原墙面乳胶漆饰面

石膏板吊顶，
乳胶漆饰面

磨砂玻璃

石膏板造型，
壁纸饰面

石膏板吊顶，
乳胶漆饰面

石膏板造型，
乳胶漆饰面

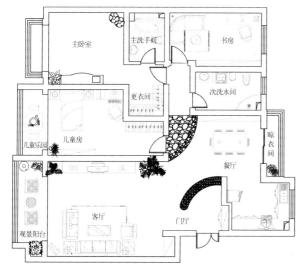

平面布置图

建筑面积：125.6m² 设计师：张兵

本案是一个三室两厅的设计，在设计中满足功能需求的同时强调了环境设计的时尚、现代。设计师充分利用了大理石、玻璃、不锈钢等材质，在灯光的配合下做到了通、透、亮。在有限的空间里运用隔断和地台划分区域，使景观曲折幽深，不仅具有较高审美价值，同时又实现了空间的充分利用。

石膏板吊顶，乳胶漆饰面

黑色烤漆玻璃

白色混油木柱

黑金砂石材饰面

石膏板吊顶，乳胶漆饰面

石膏板造型，乳胶漆饰面

镜面玻璃饰面

原墙面壁纸饰面

石膏板吊顶，乳胶漆饰面

黑金砂大理石饰面

石膏板造型，乳胶漆饰面

紫檀色木梁吊顶，清漆

原墙面壁纸饰面

底面饰镜面

石膏板吊顶，乳胶漆饰面

原顶面黑色乳胶漆饰面

原墙面乳胶漆饰面

大理石踏步，暗藏灯带

100x100紫檀色木柱

彩色艺术玻璃

鹅卵石饰面

石膏板吊顶，乳胶漆饰面

大理石踏步

原墙面刷黑色乳胶漆

建筑面积：136.8m² 设计师：陈宝胜

本方案为一套两层复式结构，因为房间层高很高，所以大部分做吊顶处理，运用了墙纸、大理石、等材质，同时又容入了银镜。整体感觉大方、稳重、宽敞、明亮，充分体现了主人的社会地位与生活品位。

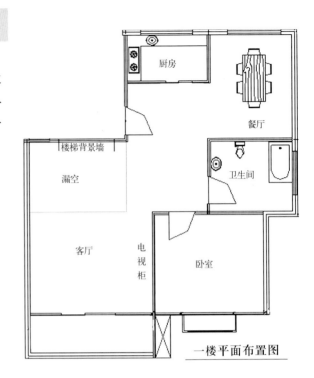

一楼平面布置图

二楼平面布置图

素色壁纸饰面

石膏板吊顶，乳胶漆饰面

石膏板吊顶，
乳胶漆饰面

不锈钢条饰面

黄洞石饰面

胡桃木面板，
黑色

石膏板吊
顶，乳胶
漆饰面

水银镜饰面

装饰画

黄洞石饰面

原墙面壁纸
饰面

石膏板吊顶，
乳胶漆饰面

素色壁纸

石膏板造型，
乳胶

石膏板吊顶，乳胶漆饰面

原墙面壁纸饰面

原墙面壁纸饰面

石膏板吊顶，乳胶漆饰面

原墙面壁纸饰面

原墙面壁纸饰面

原墙面壁纸饰面

细木工板，胡桃木饰面清漆。柜门索白色混油漆

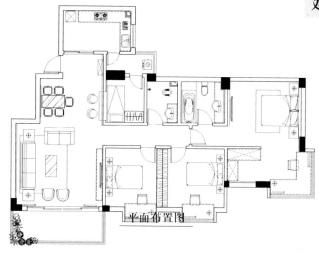

平面布置图

建筑面积：142.87m² 设计师：廖志强

这套户型原有的格局对空间已经规划好了，所以在设计的时候就是要考虑怎样更好利用这些空间。鞋柜的柜门采用了镜面处理，同时考虑到整体墙面的协调性，在镜面上又进行了磨砂处理，沙发墙也采用了同餐厅墙面的统一手法，进行面板顺纹抽缝，使其在视觉上形成了空间延伸的效果。

主卧室的空间比较大，在设计的时候利用光线较好的一面隔出独立的衣帽间，另外又利用外飘窗设计成书桌，既解决了书桌的摆设问题又利用了飘窗的空间。

为了达到温馨的效果，整体的基色以中型暖色为主，局部考虑墙纸和饰面板搭配，使得居住环境显得时尚优雅。

建筑面积：148.7m² 　设计师：韩全

这是一个两层复式户型设计，本案设计师以简洁明快的色彩为主色调，在功能上充分满足了业主的生活需要。客厅是居室中交流的中心，四周采用吊顶，客厅的背景墙采用石膏板造型，中间用暖色系的色调，即温馨又简洁大方。楼梯选用的是木制极限楼梯，即节省空间，又是一个很好的装饰。二层是阁楼式的书房和卧室，统一的色系，协调的装饰，使整个设计浑然一体，创造出一个温馨、舒适、健康的生活环境。

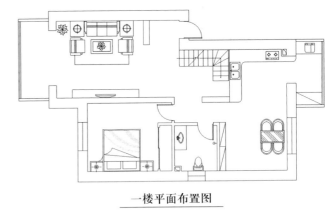

一楼平面布置图

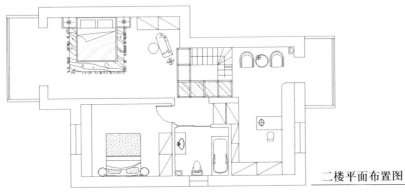

二楼平面布置图

细木工板，饰面板
饰面，白色混油

石膏板吊顶，乳胶
漆饰面

石膏板造型，乳胶
漆饰面

原墙面乳胶漆饰面

600x600 地砖

石膏板造型，乳胶
漆饰面

仿肌纹壁纸，饰面

细木工板，澳松饰
面板饰面，混油

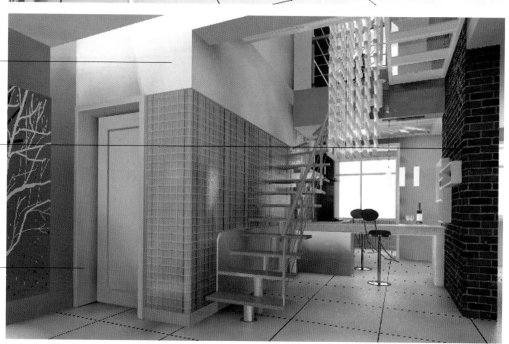

仿肌纹壁纸饰面

原墙面乳胶漆
饰面

枫木实木地板

石膏板造型
吊顶，乳胶
漆饰面

原墙面乳胶漆
饰面

原墙面乳胶漆
饰面

原墙面乳胶漆饰面

石膏板造型吊顶，
乳胶漆饰面

原阁楼顶部，乳
胶漆饰面

枫木实木地板

细木工板，枫木饰
面板饰面，清漆

细木工板，澳松
饰面板饰面，白
色混油

细木工板，枫木饰
面板饰面，清漆

原墙面乳胶漆饰面

仿肌纹壁纸饰面

细木工板，枫木饰
面板饰面，清漆

建筑面积：159.8m² 设计师：韩全

这是一个二层小别墅的设计，经过和业主沟通，设计师分析认为，此户型有几点很不适合业主的习惯：

首先楼梯的位置不合理，占据了很大的空间；没有合适的位置做餐厅；一楼的卧室有两间是套间，对使用有很大的局限；一楼的举架高度为2.6米，还有两根大梁；二楼是阁楼，最矮的地方才0.5米高，最高的达到4.5米。和业主沟通后，确定一楼老人居住，二楼是年轻夫妇居住，要有工作学习的地方。

整理改造后的设计思路：改靠近厨房的小房间为餐厅，餐厅和厨房统一；把原有楼梯拆除，改造成极限楼梯，同时也充当电视墙的装饰，保留原有的胡桃木家具，电视墙的咖啡色和胡桃木呼应；由胡桃木的楼梯踏步和咖啡色主题墙面将色调延续到二楼；将原有的卧室改造成主卧室、健身房、起居室；利用老虎窗的高度位置，将该区域改造成上网学习区，也利于主人之间的交流；将原来的楼梯洞口扩大，改阁楼为复式楼的共享空间。

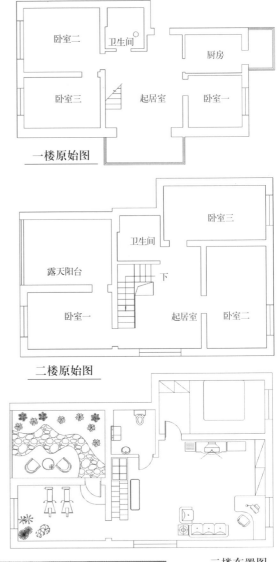

一楼原始图

二楼原始图

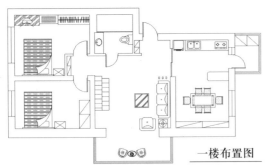

一楼布置图

二楼布置图

石膏板吊顶，乳胶漆饰面

原墙面乳胶漆饰面

胡桃木楼梯扶手

石膏板吊顶，
乳胶漆饰面

原墙面乳胶漆
饰面

原墙面乳胶漆
饰面

细木工板，胡
桃木饰面，清
漆

实木踢脚线

水晶挂饰

原墙面乳胶漆
饰面

细 木 工 板，
饰面板饰面，
混油

细 木 工 板，
枫木饰面板，
清漆

枫桦实木地板

细木工板，枫
木饰面板，清
漆

细木工板，红樱桃木饰面板，清漆

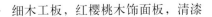

家装时代——现代风格篇
筑龙网　编著
KH：9050
ISBN 978-7-300-09514-1
定价：25.00元

家装时代——欧陆风格篇
筑龙网　编著
KH：9049
ISBN 978-7-300-09512-7
定价：25.00元

家装时代——中式风格篇
筑龙网　编著
KH：9051
ISBN 978-7-300-09513-4
定价：25.00元

北京市海淀区上地信息路2号国际科技创业园2号楼14层D
北京科海培中技术有限责任公司/北京科海电子出版社 市场部
邮政编码：100085
电　话：010—82896445　　传　真：010—82896454

读者回执卡

　　　您好！感谢您购买本书，请您抽出宝贵的时间填写这份回执卡，并将此页剪下寄回我们的读者服务部。我们会在以后的工作中充分考虑您的意见和建议，并将您的信息加入公司的客户档案中，以便向您提供全程的一体化服务。您将成为科海书友会会员，享受优惠购书服务，参加不定期的促销活动，免费获取赠品。

姓名：＿＿＿＿＿＿　　性别：＿＿＿＿　　年龄：＿＿＿＿　　学历：＿＿＿＿

职业：＿＿＿＿＿＿　　电话：＿＿＿＿＿　　E-mail：＿＿＿＿＿＿＿

通信地址：＿＿＿＿＿＿＿＿＿＿＿＿＿＿＿＿＿＿＿＿＿＿＿＿

您经常阅读的图书种类：

□平面设计　□三维设计　□网页设计　□数码视频　□黑客安全　□网络通信
□基础入门　□工业设计　□电脑硬件　□办公软件　□装饰装修　□其他

您对科海图书的评价是：＿＿＿＿＿＿＿＿＿＿＿＿＿＿＿＿＿＿＿＿＿＿＿

＿＿＿＿＿＿＿＿＿＿＿＿＿＿＿＿＿＿＿＿＿＿＿＿＿＿＿＿＿＿＿＿＿＿＿

您希望科海出版什么样的图书：＿＿＿＿＿＿＿＿＿＿＿＿＿＿＿＿＿＿＿＿＿

＿＿＿＿＿＿＿＿＿＿＿＿＿＿＿＿＿＿＿＿＿＿＿＿＿＿＿＿＿＿＿＿＿＿＿

北京科海诚邀国内技术精英加盟

出版咨询：feedback@khp.com.cn

　　科海图书一直以内容翔实、技术独到、印装精美而受到读者的广泛欢迎，以诚信合作、精心编校而受到广大作者的信赖。对于优秀作者，科海保证稿酬标准和付款方式国内同档次最优，并可长期签约合作。

科海图书合作伙伴

从以下网站/论坛可以获得科海图书的更多出版/营销信息

互动出版网　www.china-pub.com
华储网　www.huachu.com.cn
卓越网　www.joyo.com
当当网　www.dangdang.com
ChinaDV　www.chinadv.com
视觉中国　www.chinavisual.com
中科上影数码培训中心　www.sinosfs.com
v6dp　www.v6dp.com